龙生龙，凤生凤

文本　金东光（韩）｜插画　李亨镇（韩）

翻译　刘　茜　高　飞

外文出版社
FOREIGN LANGUAGES PRESS

大人们可真奇怪，
他们只要一看到我和爸爸，就会说：
"哎呀，真是一个模子里刻出来的，太像了！"
我真的不明白他们在说什么，
爸爸妈妈只是在旁边笑，
虽然我知道他们的意思是说我和爸爸妈妈很像，
但却不知道到底哪儿像。

翻看爸爸妈妈以前的老相册，真的很有趣，
可以看到爸爸妈妈小时候的样子。
"哎呀，快过来看一下，妈妈头发扎起来
和我一模一样呢！"
"在哪儿？在哪儿？"
外婆曾经说过，
姐姐和妈妈特别特别像。

老相册里还有妈妈小时候
和外婆的合影，
仔细一看，还能从外婆的样子里
发现妈妈的影子呢。

长得像的不只是模样。
亨植的脑门儿不小，
而他妈妈也是出了名的大脑门。
还有皮肤特别白的胜熙，
傻大个儿泰植，
头上长着两个旋儿的哲奎，
他们都像极了自己的爸爸妈妈。

显性和隐形

双眼皮、头顶双旋儿等外部特征都遗传自父母。双眼皮和单眼皮是一对相对性状。
其中，影响较大的性状为显性基因，影响较小的性状为隐性基因。
双眼皮是显性基因，而单眼皮为隐性基因。

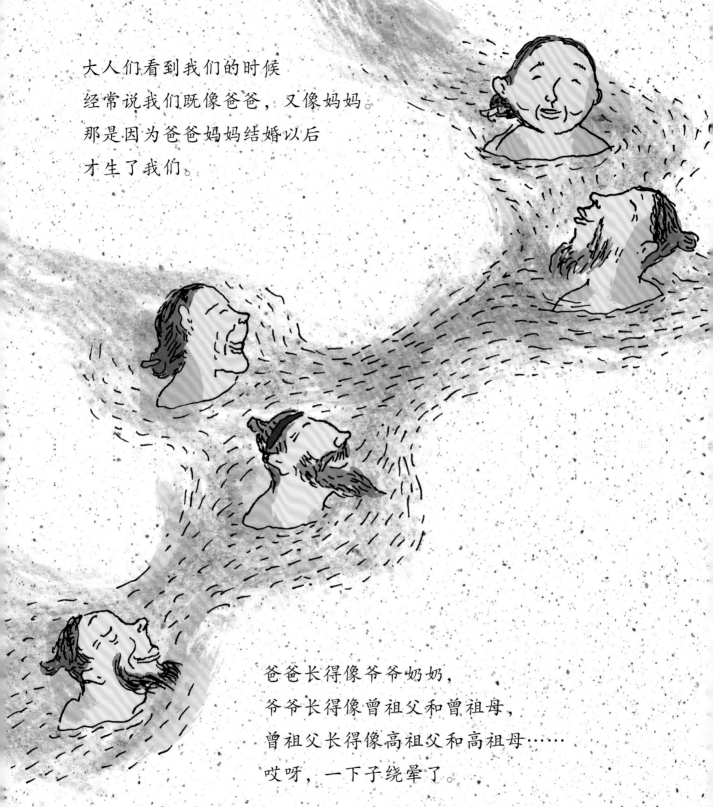

大人们看到我们的时候
经常说我们既像爸爸，又像妈妈。
那是因为爸爸妈妈结婚以后
才生了我们。

爸爸长得像爷爷奶奶，
爷爷长得像曾祖父和曾祖母，
曾祖父长得像高祖父和高祖母……
哎呀，一下子绕晕了。

爷爷的爷爷的爷爷……

奶奶的奶奶的奶奶……

一直看下去，这关系就像一棵树一样。

11

不仅是人类，动物之间也存在这种现象。

我家咪咪的毛是褐色的，尾巴上有黑色的点点。

咪咪生的小猫也是褐色的毛。

我家门前经常有一只慢悠悠散步的野猫，

它块头很大，而且身上有老虎一样的花纹。

我们称它为虎斑猫。

它生的小猫身上也有这样的花纹呢。

遗传

亲代的性状在后代身上表现出来的现象，我们称之为"遗传"。如果妈妈是花牛，那么孩子也会是花牛。子女和父母长得相像，也正是由于遗传。但是，不是只有好的性状才会遗传给后代。不管是无法正确辨别颜色的色盲症，还是无法正常凝血的血友病，都是父母遗传给子女的疾病。

仅仅是人类和生物之间会长得相像吗？

让我们一起来找找长得像的事物。

相像的东西都有哪些呢？

一种是生物，另一种是非生物。

那么，生物与非生物之间的差别在哪里呢？

15

有哪些东西相像呢？
我们一起来找一找相似的事物吧。
大部分飞机都有翅膀和尾巴，
汽车都有轮子。
相像的事物往往都具有相似的能力。
滑翔机和飞机虽然长得不一样，
但都有可以飞翔的翅膀。

我家咪咪生了五个孩子，
它们全都是小猫。
为什么咪咪只能生小猫呢？
要是它能生一只小狗该有多好。

猫生小猫，
狗生小狗，
牛生小牛，
人生小孩儿，
所有的生物都只能生下自己的孩子。

物种

具有相同的特征，并相互可以交配繁殖的生物群体，我们称之为"种"。
不同物种之间无法交配，也不能繁衍后代。物种之间有一种类似于遗传屏障的隔
离，这个看不见的隔离就是自然界中的物种。

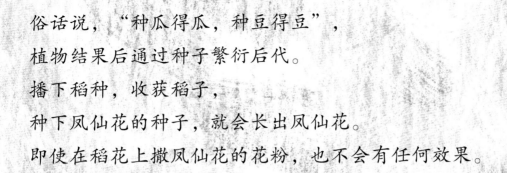

俗话说，"种瓜得瓜，种豆得豆"，
植物结果后通过种子繁衍后代。
播下稻种，收获稻子，
种下凤仙花的种子，就会长出凤仙花。
即使在稻花上撒凤仙花的花粉，也不会有任何效果。

这是因为植物们只会接受同物种的花粉。
自然界中存在一种天然屏障，
使得只有同物种的生物之间
才可以繁殖后代。

每个生物个体都会将自己的性状传递给下一代，
就像运动会中的接力赛跑一样。
然而，在这场比赛中，最重要的不是速度，
而是不要把接力棒搞丢。

遗传基因

遗传基因是确保遗传可以进行下去的物质，它的职责是使亲代的性状可以传递给下一代。因此，遗传基因就如同接力赛跑中的接力棒一样。在这一过程中，如果接力不能顺利进行，而是产生新的性状，就是"基因突变"。

23

这个接力棒非常非常非常重要。
因为里边藏着将这一生物与其他生物
区别开来的钥匙。

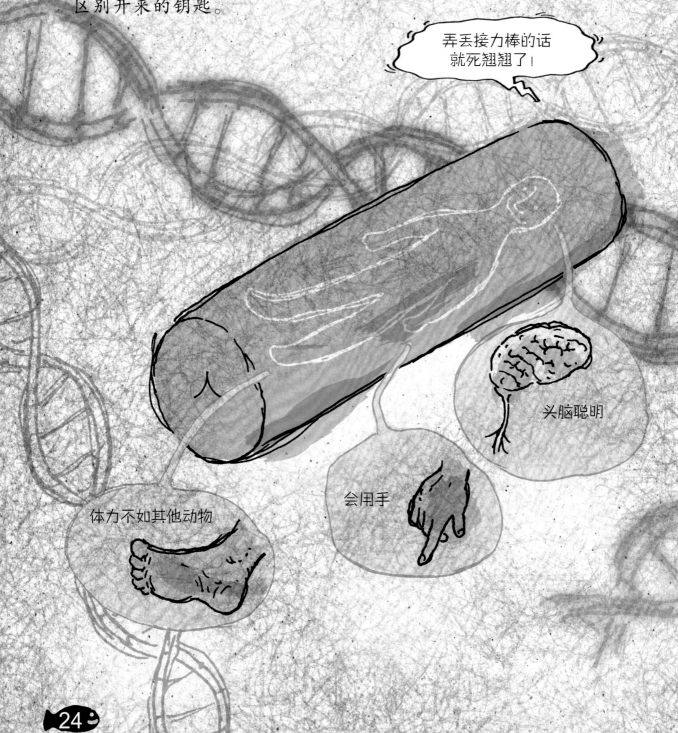

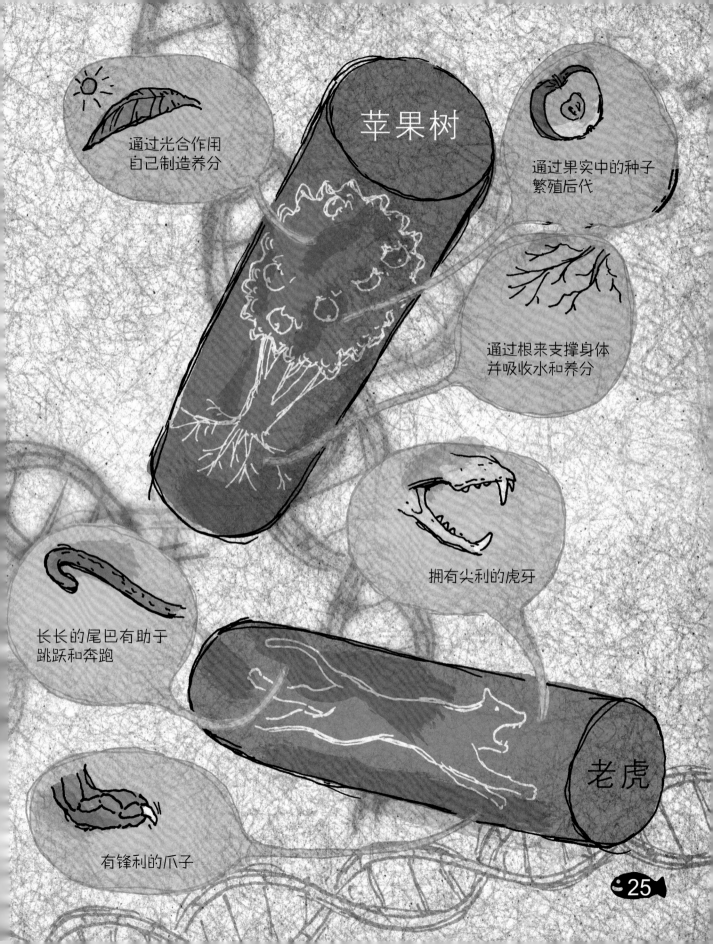

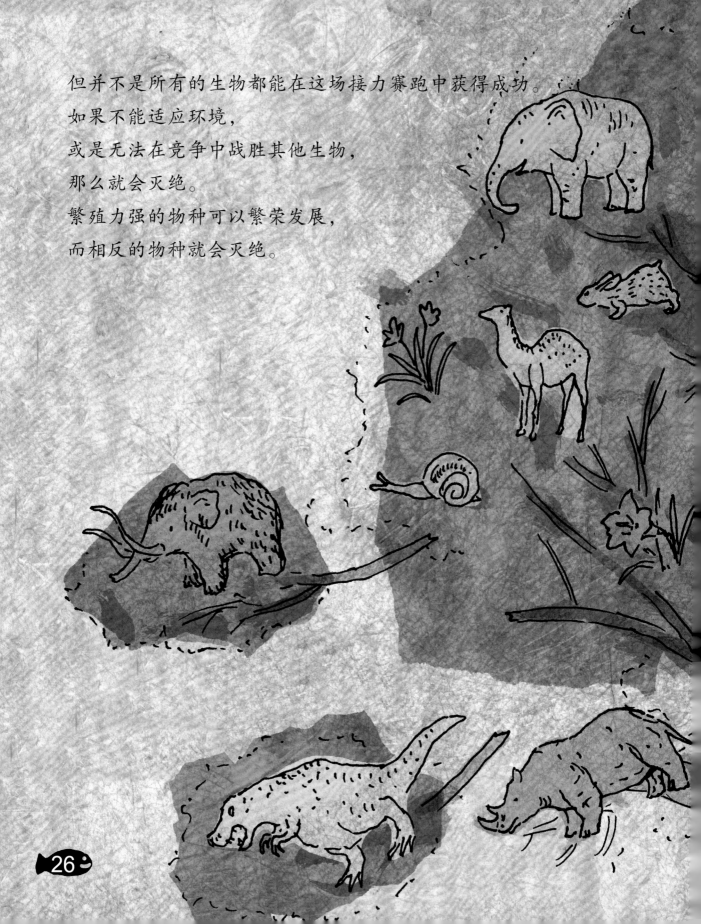

但并不是所有的生物都能在这场接力赛跑中获得成功。
如果不能适应环境，
或是无法在竞争中战胜其他生物，
那么就会灭绝。
繁殖力强的物种可以繁荣发展，
而相反的物种就会灭绝。

面临灭绝的生物

国际自然保护同盟选出了地球上面临灭绝危机的动植物，这其中有已经灭绝了的，还有处在灭绝边缘的。像老虎、海狮、赤膀夜鹭、熊猫、滑皮蜥等动物，松叶蕨、文殊兰、土黄连等植物，中华鲟、达氏鲟等鱼类都赫然在列。

27

老虎、豹子、非洲猎豹、家猫等都属于猫科动物，它们有很多相似之处，但也有各自的特点。

即使都是猫咪，
也有很多种类。
波斯猫，暹罗猫……

😋29

这两个女孩儿很像吧？但是也略有不同。
我们一起来找一找她们的区别吧！

双胞胎简直像极了。
但即使他们的相貌一样，
思想或性格也各不相同。
即使拥有同样的遗传基因，
也不意味着完全相同。

肤色、头发的颜色、瞳孔的颜色，
一出生便已注定，不会改变。
但并不是所有的事都是一出生就注定的。
身高、体力等只要营养均衡，加强锻炼，
都是可以改变的。

智力、性格虽然也有一部分是天生的，
但是后天的培养也尤为重要。
天生虽然重要，
但更重要的是后天自己的努力。

即使是同样的种子，生长环境不同，结果也不同。
在肥沃的土壤中可以长得茂密挺拔，
在岩石缝中就只会长得瘦弱扭曲。

对于动物和植物而言，适宜的温度、气候，
充足的养分等因素至关重要。
同样，对于人类而言，
后天的成长环境和先天的条件一样重要。

人类从婴儿开始，一直到长大成人，
要看很多，听很多；
幼儿园时，要学会如何与其他小朋友相处，
在父母陪伴下看书、阅读；
上学以后，开始学习各种各样的知识；
为了锻炼身体，要加强运动。
长大成人后，开始学会独立阅读，继续认识世界。
可以说，
每个人都在用一生的时间学习和感知这个世界，
同时也在改变着自己。

我们家族的成员们除了外貌相似，
还有很多共同点。
我们一起来找一下吧。
是什么力量把我们家族的人凝聚在一起的呢？

家训
勤能补拙

41

除了家族之外，还有很多力量能把人们凝聚在一起。
人们生活在不同的文化背景下，
相同的民族拥有相同的传统。
我们国家也有区别于其他国家的
独特的文化传统。
我们就生活在这种传统之中。

每个国家，每个民族，都有自己独特的文化，
每一种文化都非常珍贵。每一种文化都是历经数千年的历史沉淀，
数以万计的人们传承积累而来的。
我们自己的文化十分珍贵，
其他民族的文化也同样珍贵。

每逢奥运会或世界杯这种国际赛事，
人们都会为自己的国家加油助威。
每当这时，即使是已经移民到其他国家的人，
也会为来自故乡的同胞加油。
为比赛加油助威时，人们团结为一体。

即使是海峡两岸的同胞，也会团结一心
为选手加油助威。
此时，我们都是中华民族的一员。
因为，祖先留下来的不仅仅是生物学特征。

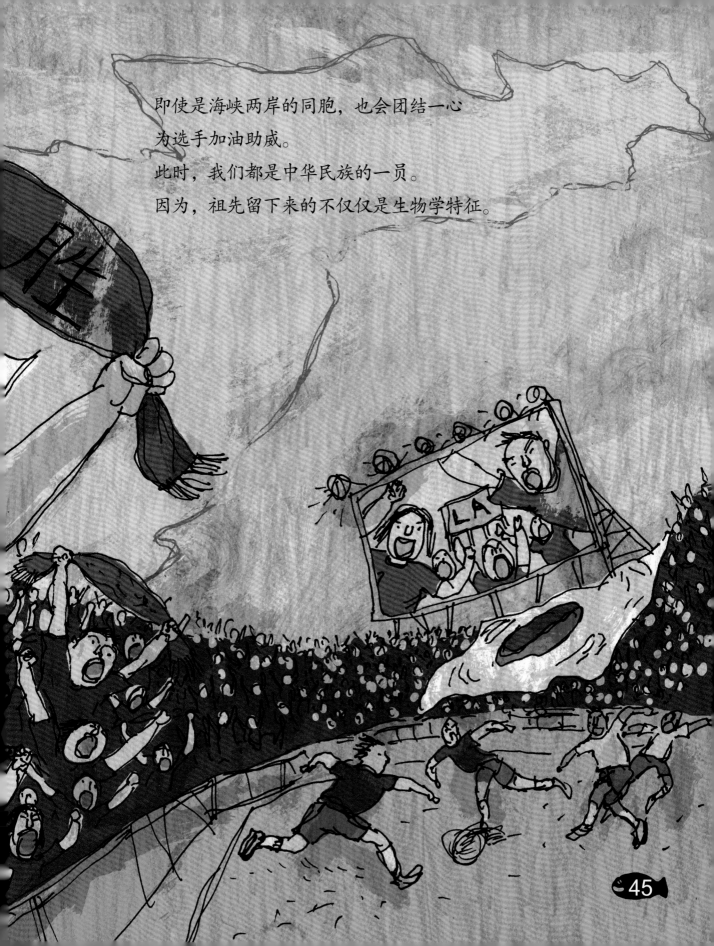

世界上有很多很多相像的家庭，
家庭是所有一切的起点。
虽然每个人各有不同，
但是我们也在不断地寻找共同之处，不断地从家庭中获得力量。
很多动物也同人类一样，从出生直到死亡，
一直与家人生活在一起。

47

生物与非生物的区别是种族繁衍

生物与非生物的区别是什么？

能经历出生、成长、死亡的就是生物吗？不会死亡的就是非生物吗？

仿生机器人与人类的外表十分相似，也可以说话、走路。然而，机器人无法生下后代，也无法成长。

以前，人们认为生物是在一种神奇的力量下自然而然形成的。因为肉腐烂了会生蛆，粮食放久了会生虫。这被称为"创造论"。进入17世纪后，人们开始意识到，腐肉上的蛆并不是自己产生的，而是由于苍蝇在上面产了卵。

19世纪，巴斯德将S型管内的细菌杀死，放入干净的物质，并隔绝空气，结果发现，没有生物产生。但如果将试管打破，使空气进入，就会产生微生物。新生成的微生物源自空气中的微生物。之后人们开始意识到，生物只能和生物结合才能有新生物的出生、生长。而且生物可以生下与自身相似的下一代，并代代相传。

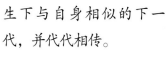

孟德尔的豌豆实验

19世纪60年代，奥地利修道士孟德尔做了著名的豌豆杂交实验。他将高茎豌豆与矮茎豌豆进行杂交，并培育出第二代豌豆。结果发现，第二代豌豆均为高茎。他将第二代豌豆再进行杂交，结果发现，第三代豌豆中既有高茎，又有矮茎。因此，他认为，第二代豌豆中既包含高茎性状，又包含矮茎性状，只是矮茎性状被高茎性状掩盖住了。由于矮茎性状并没有完全消失，因而最终又会体现在后代身上。

孟德尔认为，生物体中包含可以将高矮、颜色、花纹等性状遗传给下一代的"物质"。进入20世纪后，德国科学家们在孟德尔的研究成果基础之上继续研究，最终发现孟德尔所认为的"物质"实质上就是"遗传基因"。

种瓜得瓜，种豆得豆的原因

生物之所以与非生物不同，可以繁衍与自己相似的后代，也正是得益于遗传基因。基因就像一个"数据库"，里面包含着许多合成生物体所需要的密码。

随着对遗传基因研究的深入，人类开始逐渐了解到，不仅肤色、双眼皮、瞳孔颜色等性状可以经由遗传基因遗传给下一代，一些类似容易得癌症的倾向等遗传病也会由父母传递给子女。

遗传基因如同菜谱一样

虽然说遗传基因会传递生物的重要性状，但是并不是说生物所有的一切都由遗传基因决定。这是因为尽管遗传基因掌管着生物性状的"命令"，但并不是所有的"命令"都可以得到彻底的执行。

最典型的案例便是同卵双胞胎。双胞胎通常被人们称为"自然复制"，可见其相像程度之高。但双胞胎也并不是完全一样的。很多专家学者认为，遗传基因不是制造机器的设计图，而更像是记录做菜顺序的菜谱。人们按照菜谱上的顺序，放入相似的材料，然而做出的菜不管是味道还是香气都各不相同。因此，即使拥有相同的遗传基因，也会出现不同的结果。

如果复制爱因斯坦的基因，会怎样呢？

与肉体性状不同，智力、性格等精神方面的性状并不是天生的，而是根据成长环境的不同而不同。也就是说，即使成功复制了爱因斯坦或迈克尔·乔丹的基因，他们的后代也并不一定就是天才的科学家或篮球天才。我们只能说他的后代只是长相上与他相似，但在能力方面，他们可能完全不同。在影响精神性状的因素中，与遗传基因相比，环境和教育更重要。

近亲为什么不能结婚

人类通常不会与近亲结婚。这是因为近亲之间往往遗传基因也十分相似，而非近亲之间的遗传基因则差异很大。如果与遗传基因差异较大的人结婚生子，那么就可以遗传给后代更多的性状。相反，如果与近亲结婚生子，那么将遗传基因中的问题传给下一代的风险也会加大。

古往今来，世界上几乎所有国家都禁止近亲结婚就是由于这个原因。中国禁止直系血亲和三代以内的旁系血亲之间结婚。

家是一切的源头

当今社会，由父母和子女组成的小家庭不断增多，人们的家庭观念也不像过去传统大家庭那样深厚。但家依然是家人共同生活的基础，也是在成长过程中影响我们最深的老师。我们所接受的文化中，很多东西就是通过家庭中的爷爷奶奶、爸爸妈妈传承下来的。很多动物也终生生活在大家庭中，它们的大家庭里有不止一个爸爸妈妈，还有很多宝宝。动物们成年以后便会脱离原来的家庭，组成新的家庭。对于动物而言，家庭有共同捕食，共同保护后代的重要意义。

作者 **金东光** 科普作家，高丽大学科学技术研究所教授

高丽大学德语专业毕业，获高丽大学科学技术社会学专业博士学位。主要从事科学、技术、社会等方面文章的写作及授课。喜爱并擅长撰写科普绘本，绘本主要内容为社会生活中的科学技术。主要编写和翻译的作品有《发明的世界》《科学发现》等少儿科普图书，以及《生命工程学与人类的未来》《对人类的误会》等科普图书。

插画 **李亨镇**

毕业于首尔大学工业美术系视觉设计专业。现主要从事童书插画绘制。策划并绘制了《你好？》《鼻子前的科学》系列丛书，还为《我是疙瘩鬼！》《小猫咪》等图书绘制插图。

图书在版编目（CIP）数据

龙生龙，凤生凤 /（韩）金东光著；刘茜等译.
--北京：外文出版社, 2015
（儿童科学系列丛书）
ISBN 978-7-119-09485-4

Ⅰ.①龙… Ⅱ.①金… ②刘… Ⅲ.①遗传学 – 儿童读物 Ⅳ.①Q3-49

中国版本图书馆CIP数据核字(2015)第100745号

著作权合同登记图字：01-2015-3088

아이과학　붕어빵 가족
Text Copyright © 2011 Kim, Dong-kwang
Illustrations Copyright © 2011 by Jin Lee
Simplified Chinese translation Copyright © 2015 by Foreign Languages Press
This translation Copyright is arranged with Mirae N Co., Ltd.
through CRO culture,Inc.
All rights reserved.

责任编辑：曲　径
印刷监制：冯　浩

龙生龙，凤生凤

金东光　文本 ｜ 李亨镇　插画 ｜ 刘　茜　高　飞　译

出 版 人：徐　步
出版发行：外文出版社有限责任公司
地　　址：北京市西城区百万庄大街24号　　　　邮政编码：100037
网　　址：http://www.flp.com.cn　　　　电子邮箱：flp@cipg.org.cn
电　　话：010-68320579（总编室）　　　　010-68996075（编辑部）
　　　　　010-68995852（发行部）　　　　010-68996183（投稿电话）
印　　刷：鸿博昊天科技有限公司
经　　销：新华书店 / 外文书店
开　　本：889mm×1194mm　1/16　　印张：3.25　　字数：5 千
版　　次：2015 年 8 月第 1 版第 1 次印刷
书　　号：ISBN 978-7-119-09485-4
定　　价：18.80 元
